VERSO UN PIANETA SOSTENIBILE

Contributi per un futuro migliore

JOSÉ RUIZ WATZECK

Watzeck Home Studius Digital

SOMMARIO

mobilità pulita ed efficiente

Verso un pianeta sostenibile: Contributi per un futuro migliore

JOSÉ RUIZ WATZECK

PREFAZIONE

Il libro "Verso un pianeta sostenibile" è un'opera scritta da un professore impegnato a preservare l'ambiente e mira a presentare alla società soluzioni coese per costruire un futuro sostenibile. Diviso in 15 capitoli, il lavoro affronta questioni essenziali legate alla sostenibilità ed esplora i modi in cui ognuno di noi può contribuire a un pianeta sano.

Partendo da una potente introduzione, il libro stabilisce l'importanza dell'ambiente e le sfide che dobbiamo affrontare oggi. Successivamente, vengono spiegati i concetti di base della sostenibilità, evidenziandone i pilastri ambientali, sociali ed economici, oltre a sottolineare l'importanza della riduzione, del riutilizzo e del riciclaggio.

Il lavoro affronta questioni urgenti come il cambiamento climatico, la conservazione della biodiversità, la gestione delle risorse idriche e la necessità di adottare energie rinnovabili. Affronta anche l'importanza dell'agricoltura sostenibile, del consumo consapevole, della corretta gestione dei rifiuti e della promozione di trasporti più sostenibili.

Inoltre, il libro esplora il ruolo cruciale dell'educazione ambientale nella formazione di cittadini consapevoli e impegnati. Sottolinea inoltre l'importanza della partecipazione della comunità e l'influenza delle politiche pubbliche e della legislazione ambientale nel promuovere un cambiamento positivo.

Il libro si conclude con una riflessione sulle sfide e le opportunità che ci attendono, nonché un appello all'azione individuale e collettiva. Suggerisce azioni pratiche che ogni persona può intraprendere per contribuire a un pianeta sostenibile e conclude con l'importanza della collaborazione globale e degli Obiettivi di sviluppo sostenibile (SDG) delle Nazioni Unite.

"Verso un pianeta sostenibile" è una lettura stimolante che motiva i lettori a diventare agenti di cambiamento per l'ambiente. Basato su informazioni aggiornate ed esempi pratici, questo libro offre una visione olistica della sostenibilità e fornisce una guida chiara su come ogni individuo può fare la differenza. Insieme, possiamo costruire un futuro migliore per le generazioni future e garantire che il nostro pianeta sia preservato.

CAPITOLO 1 INTRODUZIONE

Il nostro pianeta deve affrontare sfide sempre più complesse, dal devastante cambiamento climatico all'accelerazione della perdita di biodiversità. È nostro dovere, come membri di questa società, riflettere e agire verso un futuro più luminoso.

Lo scopo di questo è fornire una visione completa delle questioni ambientali e presentare soluzioni coerenti per affrontare queste sfide. In qualità di insegnante, ho il privilegio di condividere con voi intuizioni e prospettive che ci aiuteranno a comprendere meglio il nostro ruolo nella costruzione di un mondo più sostenibile.

Nelle pagine seguenti esploreremo i concetti fondamentali della sostenibilità, comprendendo che la tutela dell'ambiente non può essere dissociata dagli aspetti sociali ed economici. Ci immergeremo nel cambiamento climatico, comprendendone le cause e le conseguenze, nonché le azioni che possiamo intraprendere per mitigarne gli impatti.

Parleremo anche dell'importanza della conservazione della biodiversità, della gestione responsabile delle risorse idriche e dell'uso delle energie rinnovabili come fonte di energia pulita e sostenibile. Inoltre, esploreremo pratiche agricole sostenibili, consumo consapevole, corretta gestione dei rifiuti e promozione di trasporti più sostenibili.

In questo libro non mancheremo di affrontare il ruolo cruciale dell'educazione ambientale nella formazione di cittadini consapevoli e impegnati. Crediamo che, attraverso la conoscenza e la consapevolezza, possiamo risvegliare azioni individuali e collettive che avranno un impatto positivo sul nostro pianeta.

È importante notare che mentre la sfida è immensa, troviamo

anche opportunità di trasformazione. Tecnologie innovative, iniziative comunitarie e politiche pubbliche efficienti sono esempi di strumenti che possiamo utilizzare per plasmare un futuro migliore.

Tuttavia, dobbiamo agire ora. L'urgenza è palpabile e la responsabilità è di tutti. Ogni piccola azione conta, dalle scelte quotidiane dei consumatori alla partecipazione a progetti ambientali locali.

Alla fine di questo, spero che ti sentirai ispirato e autorizzato a diventare un agente di cambiamento. Insieme possiamo costruire un futuro in cui l'armonia tra l'umanità e l'ambiente sia una realtà.

Iniziamo questo viaggio alla ricerca di un pianeta sostenibile. Il primo passo inizia adesso.

CAPITOLO 2: NOZIONI DI BASE SULLA SOSTENIBILITÀ

Nel capitolo precedente abbiamo esplorato l'importanza di preservare l'ambiente e la necessità di costruire un futuro sostenibile. Ora, approfondiamo la conoscenza dei concetti fondamentali della sostenibilità, comprendendone l'essenza e la rilevanza per la nostra società.

Definizione di sostenibilità: La sostenibilità è un concetto che racchiude la capacità di soddisfare i bisogni presenti senza compromettere la capacità delle generazioni future di soddisfare i propri. In altre parole, si tratta di bilanciare la dimensione ambientale, sociale ed economica, ricercando uno sviluppo equo e rispettando i limiti del pianeta.

Pilastri della sostenibilità: Per comprendere appieno la sostenibilità, è essenziale affrontare i suoi tre pilastri principali:

1. **Ambientale**: il pilastro ambientale si riferisce alla conservazione e conservazione delle risorse naturali e degli ecosistemi. È essenziale adottare pratiche che riducano il consumo di risorse non rinnovabili, proteggano la biodiversità e promuovano l'uso sostenibile delle risorse naturali.

2. **sociale**: il pilastro sociale si riferisce al benessere umano e all'equità sociale. Cerca di garantire che tutte le persone abbiano accesso a condizioni di vita dignitose, tra cui salute, istruzione, alloggio, sicurezza e opportunità di lavoro. L'inclusione sociale e il rispetto della diversità sono elementi chiave di questo pilastro.

3. **Economico**: il pilastro economico è legato alla fattibilità finanziaria delle attività umane. L'obiettivo è promuovere uno sviluppo economico sostenibile, basato su pratiche responsabili che tengano conto degli impatti ambientali e sociali. L'obiettivo è conciliare la crescita economica con la conservazione delle risorse

naturali e l'equa distribuzione della ricchezza.

Principi di sostenibilità: Oltre ai pilastri, ci sono principi fondamentali che guidano la sostenibilità. Alcuni di essi includono:

1. Ridurre, riutilizzare e riciclare: questi principi sono legati alla minimizzazione del consumo di risorse e alla riduzione della produzione di rifiuti. L'idea è quella di cercare alternative che promuovano l'efficienza nell'uso delle risorse e allunghino la vita utile dei prodotti, riducendo la necessità di estrarre materie prime e la quantità di rifiuti scaricati nell'ambiente.

due. Think in Cycles: La sostenibilità incoraggia l'adozione di un approccio circolare, in cui prodotti e materiali sono progettati e utilizzati in modo tale da rientrare nei cicli produttivi, evitando gli sprechi e massimizzando l'efficienza.

3. Principio di precauzione: questo principio consiste nell'adozione di misure preventive contro i rischi ambientali, sebbene non vi sia alcuna certezza scientifica assoluta sulle sue conseguenze. È un approccio proattivo che cerca di prevenire danni irreversibili all'ambiente.

L'interconnessione dei pilastri.: È importante notare che i pilastri della sostenibilità sono interconnessi e si influenzano a vicenda. Uno squilibrio in uno qualsiasi dei pilastri può compromettere la sostenibilità nel suo complesso. Ad esempio, il degrado ambientale può influire negativamente sulla qualità della vita delle comunità e le disuguaglianze sociali possono portare a un uso non sostenibile delle risorse naturali.

Pertanto, è essenziale cercare soluzioni che affrontino i tre pilastri in modo integrato. Ciò significa che le azioni finalizzate alla conservazione dell'ambiente devono considerare gli aspetti sociali ed economici coinvolti e viceversa. Solo attraverso questo approccio olistico possiamo raggiungere un equilibrio vero e duraturo.

Oltre ai pilastri della sostenibilità, è necessario considerare anche il contesto culturale ed etico in cui vengono applicate le pratiche sostenibili. Culture diverse hanno prospettive e valori diversi riguardo alla natura e all'ambiente. È importante rispettare e valorizzare questa diversità, promuovendo l'inclusione e il dialogo tra prospettive diverse.

Un altro punto cruciale è il riconoscimento che la sostenibilità non è un obiettivo finale, ma un processo continuo di apprendimento e adattamento. Man mano che acquisiamo nuove conoscenze e affrontiamo nuove sfide, è necessario adeguare le nostre pratiche e cercare soluzioni innovative. La sostenibilità è dinamica e richiede una mentalità di miglioramento continuo.

Infine, è importante sottolineare che la sostenibilità non è responsabilità esclusiva di governi, organizzazioni o specialisti. Tutti noi abbiamo un ruolo da svolgere nella costruzione di un futuro sostenibile. Ogni individuo può contribuire facendo scelte di vita consapevoli, promuovendo l'educazione ambientale, partecipando alle iniziative della comunità e chiedendo un cambiamento positivo.

In questo capitolo esploriamo i concetti di base della sostenibilità, comprendendone i pilastri e i principi. Nei prossimi capitoli, approfondiremo la nostra comprensione di questioni ambientali specifiche ed esploreremo modi pratici per contribuire a un pianeta sostenibile.

Ricorda che la sostenibilità è una sfida collettiva che richiede la collaborazione di tutti. Insieme, possiamo creare un futuro migliore per le generazioni presenti e future, in cui si raggiunga l'equilibrio tra ambiente, società ed economia.

CAPITOLO 3: CAMBIAMENTI CLIMATICI: SFIDE E SOLUZIONI

In questo capitolo, esploreremo una delle più grandi sfide ambientali che l'umanità deve affrontare: il cambiamento climatico. Capiremo le cause e le conseguenze di questo fenomeno globale ed esploreremo le soluzioni necessarie per affrontarlo. È fondamentale comprendere l'urgenza di questo problema e unirci alla ricerca di un'azione efficace.

Sezione 1: Cause del cambiamento climatico:

- Spiegazione dei principali fattori che contribuiscono al cambiamento climatico, come l'aumento delle emissioni di gas serra da attività umane come la combustione di combustibili fossili e la deforestazione.
- Esplorazione del ruolo dello squilibrio nel ciclo del carbonio e dell'aumento della concentrazione di anidride carbonica (CO_2) nell'atmosfera.
- Discussione su altri gas serra, come il metano e il protossido di azoto, e il loro impatto sul riscaldamento globale.

Sezione 2: Conseguenze del cambiamento climatico:

- Analisi degli effetti del cambiamento climatico su diversi ecosistemi e regioni, compreso l'aumento delle temperature medie globali, i cambiamenti nei modelli di precipitazione, l'innalzamento del livello del mare, lo scioglimento dei ghiacciai e gli eventi meteorologici estremi.
- Esplorare l'impatto sulle comunità umane, come lo sfollamento della popolazione, la scarsità di risorse, l'insicurezza alimentare e la diffusione di malattie.

Sezione 3: Adattamento ai cambiamenti climatici:

- Discussione sull'importanza dell'adattamento ai cambiamenti climatici, ovvero la capacità di adattarsi e far fronte agli impatti inevitabili.

- Esplorare le strategie di adattamento, come lo sviluppo di infrastrutture resilienti, la gestione sostenibile delle risorse idriche, la protezione degli ecosistemi naturali e l'attuazione di pratiche agricole rispettose del clima.

Sezione 4: Mitigazione del cambiamento climatico:

- Approccio all'importanza della mitigazione, ovvero la riduzione delle emissioni di gas serra per limitare il riscaldamento globale.
- Esplorazione di strategie di mitigazione, come la transizione verso fonti energetiche rinnovabili, l'efficienza energetica, il rimboschimento e la cattura e lo stoccaggio del carbonio.
- Discussione sull'importanza della cooperazione internazionale e di accordi come l'"Accordo di Parigi" per promuovere azioni globali di mitigazione.

Sezione 5: Azione individuale e collettiva:

- Enfasi sull'importanza dell'azione individuale nella mitigazione del cambiamento climatico, come la riduzione del consumo energetico, l'uso di trasporti sostenibili e l'adozione di pratiche di consumo consapevole.
- Esplorazione del ruolo delle organizzazioni e dei governi nell'implementazione di politiche e regolamenti volti alla riduzione delle emissioni.
- Incoraggiare la partecipazione attiva alla difesa delle misure climatiche, come fare pressioni per politiche più ambiziose e la partecipazione a movimenti e organizzazioni focalizzati sulla consapevolezza e l'azione sul clima.

Sezione 6: Educazione e consapevolezza:

- Esplorare il ruolo dell'educazione ambientale nella sensibilizzazione sui cambiamenti climatici e nella formazione di cittadini impegnati e responsabilizzati.
- Discussione sull'importanza di includere il tema del cambiamento climatico nei programmi scolastici e nelle attività di

sensibilizzazione della comunità.
- Suggerite risorse educative e iniziative per promuovere la comprensione del cambiamento climatico e incoraggiare l'azione individuale e collettiva.

Sezione 7: Esempi ispiratori:

- Presentazione di casi di successo e iniziative stimolanti relative alla mitigazione e all'adattamento ai cambiamenti climatici.
- Esplora progetti innovativi, sia a livello locale che globale, che stanno facendo la differenza nella lotta al cambiamento climatico.
- Incoraggiare la replica di questi esempi ispiratori e la ricerca di soluzioni creative e sostenibili in diversi settori della società.

L'urgenza di affrontare questo problema richiede che tutti noi intraprendiamo azioni concrete per ridurre le emissioni di gas serra, promuovere la sostenibilità e cercare soluzioni innovative. Attraverso l'educazione, la consapevolezza e lavorando insieme, possiamo costruire un futuro più resiliente e sostenibile per le generazioni presenti e future.

CAPITOLO 4: CONSERVAZIONE DELLA BIODIVERSITÀ: PRESERVARE LA VITA SULLA TERRA

In questo capitolo esploreremo l'importanza della conservazione della biodiversità, riconoscendo la ricchezza e la varietà delle forme di vita sul pianeta Terra. Capiremo le sfide che la biodiversità deve affrontare ed esploreremo strategie efficaci per la sua conservazione. La conservazione della biodiversità è fondamentale per garantire la salute degli ecosistemi e la sostenibilità del nostro pianeta.

Sezione 1: Il valore della biodiversità:

- Esplorare i benefici che la biodiversità apporta agli ecosistemi e alle persone, come la fornitura di cibo, la regolazione del clima, la purificazione dell'acqua e la promozione della salute.
- Discussione sul valore intrinseco della biodiversità, ovvero l'importanza di preservare le specie e gli ecosistemi indipendentemente dal loro valore economico.

Sezione 2: Minacce alla biodiversità:

- Individuazione delle principali minacce che colpiscono la biodiversità, quali la perdita e il degrado degli habitat, l'eccessivo sfruttamento delle risorse naturali, l'introduzione di specie invasive e il cambiamento climatico.
- Esplorazione del ruolo delle attività umane nello squilibrio ecologico e nella perdita di biodiversità.

Sezione 3: Strategie di conservazione:

- Presentazione di approcci efficaci per la conservazione della biodiversità, come la creazione di aree protette, il ripristino di ecosistemi degradati e l'adozione di pratiche di uso sostenibile del suolo.

- Discussione sull'importanza della conservazione in situ (in loco) ed ex situ (fuori sito) per la conservazione delle specie minacciate.

Sezione 4: Conservazione degli ecosistemi chiave:

- Enfasi sull'importanza di preservare gli ecosistemi chiave, come le foreste tropicali, gli oceani, le barriere coralline e le aree di mangrovie.
- Esplorare i servizi ecosistemici forniti da questi ecosistemi e le strategie necessarie per la loro protezione e ripristino.

Sezione 5: Coinvolgimento della comunità e partecipazione pubblica:

- Discussione sul coinvolgimento delle comunità locali nella conservazione della biodiversità, riconoscendo i loro saperi tradizionali e promuovendo la partecipazione attiva ai processi decisionali.
- Presentazione di esempi di iniziative di partecipazione pubblica di successo nella conservazione, come riserve comunitarie e progetti di turismo sostenibile.

Sezione 6: Conservazione marina:

- Esplorazione delle sfide e delle strategie specifiche relative alla conservazione degli ecosistemi marini, compresa la protezione delle aree marine protette, la riduzione dell'inquinamento e la gestione sostenibile delle risorse ittiche.

Sezione 7: Tecnologia e innovazione per la conservazione:

- Discussione sul ruolo della tecnologia e dell'innovazione nella conservazione della biodiversità, come l'uso di tecniche di monitoraggio a distanza, la genetica della conservazione e lo sviluppo di nuovi approcci per la conservazione delle specie minacciate.
- Esplora esempi di tecnologie applicate alla conservazione, come l'uso di droni per monitorare le aree protette, l'uso di tecniche di riproduzione assistita per le specie minacciate e l'uso

dell'intelligenza artificiale nell'identificazione e nel monitoraggio delle specie.

Sezione 8: Educazione e consapevolezza:
- Enfasi sull'importanza dell'educazione ambientale nella sensibilizzazione sull'importanza della conservazione della biodiversità.
- Esplorazione di strategie educative efficaci per promuovere la comprensione della biodiversità e incoraggiare azioni individuali e collettive per la sua conservazione.
- Suggerimenti per attività pratiche e risorse educative per coinvolgere le persone nel processo di conservazione.

Sezione 9: Cooperazione internazionale e politiche di conservazione:

- Discussione sull'importanza della cooperazione internazionale nella conservazione della biodiversità, riconoscendo che molte specie ed ecosistemi hanno una portata globale.
- Esplorazione di accordi e convenzioni internazionali, come la Convenzione sulla diversità biologica, e l'importanza delle politiche e dei regolamenti nazionali per la protezione della biodiversità.

In questo capitolo, esploriamo l'importanza della conservazione della biodiversità come componente essenziale della sostenibilità del nostro pianeta. Riconosciamo le minacce che affrontiamo e mettiamo in evidenza strategie efficaci per preservare la vita sulla Terra. La conservazione della biodiversità richiede sforzi congiunti, che coinvolgano governi, comunità locali, organizzazioni non governative e individui.

Preservando la biodiversità, garantiamo la salute degli ecosistemi, il mantenimento dei servizi ecosistemici e il benessere delle comunità umane. Attraverso l'educazione, la partecipazione attiva e l'adozione di pratiche sostenibili, possiamo fare la differenza nella protezione della biodiversità.

Nei prossimi capitoli, continueremo a esplorare importanti questioni ambientali e presenteremo modi pratici per contribuire a un pianeta più sostenibile, tenendo presente la conservazione della biodiversità e il suo ruolo cruciale nel sostenere la vita sulla Terra.

CAPITOLO 5: USO SOSTENIBILE DELLE RISORSE NATURALI: BILANCIARE I NOSTRI BISOGNI

In questo capitolo affronteremo il tema dell'uso sostenibile delle risorse naturali, riconoscendo l'importanza di bilanciare i nostri bisogni con la conservazione degli ecosistemi e la garanzia delle risorse per le generazioni future. Esploreremo strategie per la gestione responsabile delle risorse naturali, promuovendo la sostenibilità in diversi settori della società.

Sezione 1: L'importanza delle risorse naturali:

- Esplorazione del ruolo delle risorse naturali nel sostenere la vita e gli ecosistemi.
- Individuazione delle principali tipologie di risorse naturali, quali acqua, suolo, minerali, energia, flora e fauna.
- Discussione sull'interdipendenza tra le risorse naturali e la loro importanza per i bisogni umani come cibo, alloggio, energia e materiali.

Sezione 2: Sfide nella gestione delle risorse naturali:

- Individuazione delle sfide che devono affrontare la gestione delle risorse naturali, come l'eccessivo sfruttamento, il degrado degli ecosistemi, l'inquinamento e la scarsità di risorse.
- Esplorare le conseguenze di queste sfide, sia per gli ecosistemi che per le comunità umane che dipendono da queste risorse.

Sezione 3: Principi di gestione sostenibile delle risorse naturali:

- Presentazione dei principi fondamentali per la gestione sostenibile delle risorse naturali, come la precauzione, la conservazione, l'efficienza e l'equità.
- Discussione sull'importanza di integrare gli aspetti sociali, economici e ambientali nel processo decisionale relativo alle

risorse naturali.

Sezione 4: Uso sostenibile dell'acqua:

- Esplorare l'importanza dell'acqua come risorsa vitale e le minacce che deve affrontare, come la scarsità d'acqua e la contaminazione.
- Presentazione di strategie per l'uso sostenibile dell'acqua, come la conservazione, il riuso, la gestione integrata delle risorse idriche e la protezione degli ecosistemi acquatici.

Sezione 5: Gestione sostenibile delle foreste e della biodiversità:

- Discussione sull'importanza delle foreste e della biodiversità nella sostenibilità degli ecosistemi e nella fornitura di servizi ecosistemici.
- Esplorazione di strategie per la gestione sostenibile delle foreste, compresa la conservazione, la gestione sostenibile delle foreste e la lotta contro la deforestazione illegale.
- Enfasi sull'importanza di valorizzare e proteggere la biodiversità come base per la sostenibilità delle risorse naturali.

Sezione 6: Energia sostenibile ed efficienza energetica:

- Presentazione di approcci per la transizione verso fonti energetiche sostenibili, come le energie rinnovabili, al fine di ridurre la dipendenza dai combustibili fossili e mitigare il cambiamento climatico.
- Esplorare l'importanza dell'efficienza energetica per ridurre i consumi e fare un uso più razionale delle risorse energetiche.

Sezione 7: Gestione sostenibile di minerali e materiali:

- Esplorare le sfide legate all'estrazione e all'uso di minerali e materiali, come il degrado ambientale, la scarsità di risorse e gli impatti sociali.
- Presentazione di strategie per la gestione sostenibile di minerali e materiali, inclusa la riduzione, il riciclaggio, la sostituzione con materiali più sostenibili e l'adozione di pratiche responsabili nella

catena di approvvigionamento.

Sezione 8: Agricoltura sostenibile e sicurezza alimentare:

- Dibattito sull'importanza dell'agricoltura sostenibile per garantire la sicurezza alimentare e preservare le risorse naturali.
- Presentazione di pratiche agricole sostenibili, come l'agroecologia, l'agricoltura conservativa e la diversificazione delle colture, con l'obiettivo di ridurre al minimo gli impatti negativi su suolo, acqua e biodiversità.

Sezione 9: Riduzione dei rifiuti e consumo consapevole:

- Enfasi sull'importanza di ridurre gli sprechi e il consumo eccessivo nella conservazione delle risorse naturali.
- Esplora strategie di consumo consapevole, come il riutilizzo, il riciclo, l'acquisto responsabile e la condivisione delle risorse.

Sezione 10: Responsabilità d'impresa e politiche pubbliche:

- Dibattito sul ruolo delle imprese e delle politiche pubbliche nella promozione dell'uso sostenibile delle risorse naturali.
- Esplora esempi di pratiche sostenibili in diversi settori, nonché politiche e regolamenti che promuovono una gestione responsabile delle risorse.

CAPITOLO 6: ENERGIE RINNOVABILI:
VERSO UNA TRANSIZIONE SOSTENIBILE

In questo capitolo affronteremo l'importanza delle energie rinnovabili come alternativa sostenibile ai combustibili fossili. Esploreremo le varie forme di energia rinnovabile disponibili, i suoi benefici ambientali e socioeconomici, nonché le sfide e le opportunità per la sua implementazione su larga scala. La transizione verso una matrice energetica più pulita e rinnovabile è fondamentale per combattere il cambiamento climatico e garantire la sostenibilità del nostro pianeta.

Sezione 1: Il bisogno di energia pulita:

- Esplora gli impatti negativi dei combustibili fossili, come le emissioni di gas serra e l'inquinamento atmosferico.
- Discussione sull'importanza di ridurre la dipendenza da fonti non rinnovabili e di adottare fonti energetiche pulite e sostenibili.

Sezione 2: Energia solare:

- Presentazione dell'energia solare come una delle principali fonti di energia rinnovabile.
- Esplora le tecnologie fotovoltaiche e di riscaldamento solare, evidenziandone i vantaggi, come la riduzione delle emissioni di carbonio e la generazione distribuita.

Sezione 3: Energia eolica:

- Discussione sull'energia eolica come forma matura e promettente di energia rinnovabile.
- Esplorazione delle diverse tipologie di turbine eoliche e degli aspetti legati alla loro realizzazione, come la scelta delle ubicazioni idonee e gli impatti ambientali e visivi.

Sezione 4: Energia idroelettrica:

- Presentazione dell'energia idroelettrica come una delle fonti energetiche rinnovabili più utilizzate al mondo.
- Esplorazione dei diversi tipi di impianti idroelettrici, compresi quelli di piccola e grande scala, e dei loro vantaggi e sfide.

Sezione 5: Energia da biomassa:

- Discussione sull'energia della biomassa come forma di utilizzo energetico dei materiali organici.
- Esplorazione di fonti di biomassa, come residui agricoli, residui forestali e biogas, e loro vantaggi e limiti.

Sezione 6: Energia geotermica:

- Presentazione dell'energia geotermica come fonte di energia rinnovabile che utilizza il calore dall'interno della Terra.
- Esplorazione di diversi tipi di sistemi geotermici e delle loro applicazioni, evidenziando i vantaggi e le sfide di questa forma di energia.

Sezione 7: Energie oceaniche:

- Discussione sulle energie provenienti dagli oceani, come l'energia delle maree, delle onde e delle correnti marine.
- Esplorare il potenziale di queste fonti energetiche e le sfide tecniche e ambientali associate alla loro attuazione.

Sezione 8: Integrazione delle energie rinnovabili nel sistema energetico:

- Presentazione di strategie per l'integrazione efficiente e sostenibile delle energie rinnovabili nel sistema energetico, compreso l'uso di reti intelligenti e stoccaggio di energia.

Sezione 9: Sfide e opportunità della transizione energetica:

- Discussione delle principali sfide per la transizione verso una matrice energetica basata sulle energie rinnovabili.
- Esplora le sfide tecniche come l'intermittenza e la variabilità delle fonti rinnovabili e la necessità di soluzioni di gestione e

stoccaggio dell'energia.

- Analisi delle sfide economiche, come i costi di attuazione e gli impatti sull'industria dei combustibili fossili.

- Affrontare le sfide politiche come la resistenza dei settori tradizionali e la necessità di politiche e incentivi favorevoli per promuovere la transizione.

- Presentazione delle opportunità legate alla transizione energetica verso le energie rinnovabili.

- Esplorazione dei benefici socioeconomici, come la creazione di posti di lavoro verdi, lo sviluppo di tecnologie e la riduzione della dipendenza dai combustibili fossili importati.

- Enfasi sui benefici ambientali, come la riduzione delle emissioni di gas a effetto serra e il miglioramento della qualità dell'aria.

- Dibattito sulle opportunità di innovazione e imprenditorialità nel settore delle energie rinnovabili.

Sezione 10: Politiche e incentivi per la transizione energetica:

- Esplorazione delle politiche governative e degli incentivi necessari per promuovere la transizione energetica.

- Discussione sull'importanza delle politiche di sostegno, come le tariffe per le energie rinnovabili, gli obiettivi per l'energia pulita e gli incentivi fiscali.

- Affrontare le politiche di decarbonizzazione, come il prezzo del carbonio e normative ambientali più severe.

- Enfasi sull'importanza della cooperazione internazionale e degli accordi sul clima per promuovere la transizione energetica a livello globale.

In questo capitolo esploriamo l'importanza delle energie rinnovabili come soluzione chiave per la transizione verso un futuro sostenibile. Riconosciamo le sfide affrontate, ma evidenziamo anche le opportunità ei benefici socioeconomici e ambientali associati all'adozione di fonti di energia pulita. La transizione energetica richiede azioni congiunte, che coinvolgano i governi, il settore privato e la società civile, per promuovere politiche e incentivi adeguati, investimenti in ricerca e sviluppo e consapevolezza dei benefici delle energie rinnovabili.

Nei prossimi capitoli continueremo ad approfondire le tematiche legate alla sostenibilità e all'ambiente, presentando strategie e azioni pratiche per contribuire a un pianeta più sostenibile, tenendo conto dell'importanza delle energie rinnovabili e della transizione energetica per mitigare i cambiamenti climatici e garantire un un futuro migliore e sostenibile per le generazioni presenti e future.

CAPITOLO 7: CONSERVAZIONE DELL'ECOSISTEMA: CONSERVAZIONE DELLA BIODIVERSITÀ E DEI SERVIZI ECOSISTEMICI

In questo capitolo affronteremo l'importanza di preservare gli ecosistemi come base per la conservazione della biodiversità e dei servizi ecosistemici. Esploreremo la diversità degli ecosistemi esistenti sul pianeta, le sfide che la conservazione deve affrontare e le strategie per proteggere e ripristinare questi sistemi vitali. Preservare gli ecosistemi è essenziale per garantire la sostenibilità del nostro pianeta e il benessere delle specie, compreso l'uomo.

Sezione 1: L'importanza degli ecosistemi:

- Esplorazione del concetto di ecosistema e del suo rapporto con la biodiversità ei servizi ecosistemici.
- Discussione sull'interdipendenza tra i componenti degli ecosistemi, come le specie vegetali e animali, i microrganismi e l'ambiente fisico.
- Identificazione dei principali servizi ecosistemici come la regolazione del clima, la purificazione dell'aria e dell'acqua, l'impollinazione, la protezione contro i disastri naturali e l'approvvigionamento alimentare.

Sezione 2: Perdita di biodiversità e degrado degli ecosistemi:
- Presentazione dei principali fattori che contribuiscono alla perdita di biodiversità e al degrado degli ecosistemi, come la conversione degli habitat, la frammentazione, l'inquinamento, le specie invasive e il cambiamento climatico.
- Discussione sulle conseguenze della perdita di biodiversità e del degrado degli ecosistemi per la stabilità degli ecosistemi e per la società umana.

Sezione 3: Conservazione degli ecosistemi terrestri:

- Esplorazione di strategie e approcci per la conservazione degli ecosistemi terrestri, come foreste, savane, deserti, tundre e altri biomi.

- Discussione sull'importanza di creare e gestire aree protette, ripristinare ecosistemi degradati e adottare pratiche agricole sostenibili.

Sezione 4: Conservazione degli ecosistemi acquatici:

- Presentazione di strategie di conservazione per gli ecosistemi acquatici, come oceani, mari, fiumi, laghi e zone umide.
- Esplorare l'importanza di proteggere gli habitat costieri, gestire in modo sostenibile la pesca, ridurre l'inquinamento e lottare contro il degrado degli ecosistemi acquatici.

Sezione 5: Conservazione della biodiversità:

- Discussione sull'importanza della conservazione della biodiversità nel suo complesso, compresa la conservazione delle specie in via di estinzione e la protezione della diversità genetica.
- Presentazione di strategie per la conservazione della biodiversità, come la creazione di aree protette, l'istituzione di corridoi ecologici, l'educazione ambientale e la partecipazione della comunità locale.

Sezione 6: Ripristino degli ecosistemi:

- Esplorare l'importanza di ripristinare gli ecosistemi degradati come strategia chiave per conservare la biodiversità e ripristinare i servizi ecosistemici.
- Discussione su approcci e tecniche di ripristino, come il rimboschimento, il ripristino delle zone umide e la bonifica degli ecosistemi acquatici.
- Presentazione di casi di successo nel ripristino degli ecosistemi e dei benefici derivati da questa pratica.

Sezione 7: Conservazione della biodiversità e comunità locali:

- Approccio all'importanza dell'integrazione delle comunità locali nella conservazione della biodiversità e nella conservazione degli ecosistemi.

- Esplorare approcci partecipativi, come la gestione comunitaria delle aree protette, la valorizzazione delle conoscenze tradizionali e il rafforzamento delle capacità locali di conservazione.

Sezione 8: L'importanza della connettività degli ecosistemi:

- Discussione sull'importanza della connettività degli ecosistemi per la conservazione della biodiversità.
- Esplorazione di corridoi ecologici, ponti verdi e altre strategie volte a collegare frammenti di habitat, consentendo il movimento delle specie e lo scambio genetico.

Sezione 9: Sfide e opportunità nella conservazione degli ecosistemi:

- Identificazione delle sfide che devono affrontare la conservazione degli ecosistemi, come la mancanza di finanziamenti, la mancanza di consapevolezza pubblica e la pressione umana sulle risorse naturali.
- Esplora opportunità come la collaborazione tra governi, organizzazioni non governative e il settore privato, nonché il progresso della tecnologia per il monitoraggio e la valutazione.

Sezione 10: Il ruolo dell'individuo nella conservazione degli ecosistemi:
- Enfasi sul ruolo che ogni individuo può svolgere nella conservazione degli ecosistemi.
- Presentazione di azioni pratiche, come la riduzione del consumo di risorse naturali, il sostegno a iniziative di conservazione, la partecipazione a programmi di volontariato e la promozione della consapevolezza ambientale.

In questo capitolo, esploriamo l'importanza di preservare gli ecosistemi come fondamento per la conservazione della biodiversità e dei servizi ecosistemici. Riconosciamo le sfide che la conservazione deve affrontare, ma evidenziamo anche strategie e approcci efficaci per proteggere e ripristinare gli ecosistemi vitali.

La conservazione degli ecosistemi è essenziale per garantire la sostenibilità del nostro pianeta, la qualità della vita delle specie e la resilienza degli ecosistemi di fronte ai cambiamenti globali.

Nei prossimi capitoli continueremo ad esplorare le questioni legate alla sostenibilità e all'ambiente, presentando strategie e azioni pratiche per contribuire alla conservazione degli ecosistemi, alla conservazione della biodiversità e alla promozione di un pianeta più sostenibile.

CAPITOLO 8: EDUCAZIONE AMBIENTALE: FORMAZIONE PER LA SOSTENIBILITÀ

In questo capitolo, affronteremo l'importanza dell'educazione ambientale come strumento fondamentale per consentire alle persone e alle comunità di promuovere la sostenibilità. Esploreremo i principi dell'educazione ambientale, i suoi approcci e strategie, nonché i vantaggi di un'educazione ambientale completa e trasformativa. Attraverso l'educazione ambientale, possiamo sviluppare la consapevolezza ambientale, incoraggiare la partecipazione attiva e promuovere azioni pratiche per affrontare le sfide ambientali che affrontiamo oggi.

Sezione 1: Principi di Educazione Ambientale:

- Presentazione dei principi dell'educazione ambientale, quali l'interdisciplinarietà, la contestualizzazione, la partecipazione attiva, la sostenibilità e l'equità.
- Esplorazione dell'importanza di un approccio olistico che integri conoscenze scientifiche, valori, attitudini e competenze.

Sezione 2: Obiettivi dell'educazione ambientale:

- Discussione sugli obiettivi dell'educazione ambientale, come lo sviluppo della consapevolezza ambientale, il rafforzamento della cittadinanza attiva, la promozione della sostenibilità e la formazione all'azione.

Sezione 3: Approcci e Strategie di Educazione Ambientale:

- Presentazione di diversi approcci e strategie di educazione ambientale, come l'apprendimento esperienziale, l'educazione all'aria aperta, l'educazione basata sui problemi e l'educazione all'azione.
- Enfasi sull'importanza della pratica, della riflessione e della connessione con la natura come elementi chiave dell'educazione ambientale.

Sezione 4: Educazione ambientale nelle istituzioni educative:

- Esplorare l'incorporazione dell'educazione ambientale nelle istituzioni educative, dall'educazione della prima infanzia all'istruzione superiore.
- Discussione sull'importanza di curricula interdisciplinari, spazi di apprendimento sostenibili e pratiche pedagogiche innovative.

Sezione 5: Educazione ambientale non formale:

- Presentazione dell'educazione ambientale non formale, che viene svolta al di fuori del contesto scolastico, in organizzazioni non governative, centri comunitari, musei, parchi e altre istituzioni.
- Enfasi sull'importanza dell'educazione ambientale non formale nel promuovere la consapevolezza, la partecipazione dei cittadini e il cambiamento di comportamento.

Sezione 6: Educazione Ambientale e Comunità Locali:

- Discussione sull'importanza dell'educazione ambientale come mezzo per rafforzare le comunità locali nel prendere decisioni sostenibili.
- Esplorare approcci partecipativi come l'educazione popolare, la mobilitazione della comunità e il coinvolgimento delle parti interessate.

Sezione 7: Educazione e tecnologia ambientale:

- Presentazione del ruolo della tecnologia nell'educazione ambientale, come strumento di comunicazione, ricerca, monitoraggio e partecipazione.
- Esplorazione di risorse digitali, applicazioni mobili, giochi educativi e piattaforme online come risorse per promuovere l'educazione ambientale.

Sezione 8: Valutazione e Monitoraggio dell'Educazione Ambientale:

- Discussione sull'importanza di valutare e monitorare l'educazione ambientale per verificare l'efficacia delle strategie e degli approcci utilizzati.
- Esplorazione di metodi e indicatori per valutare l'impatto dell'educazione ambientale, come sondaggi, valutazioni delle conoscenze, cambiamenti di comportamento e indicatori di sostenibilità.

Sezione 9: Sfide e opportunità nell'educazione ambientale:

- Identificazione delle sfide affrontate nell'attuazione dell'educazione ambientale, come la mancanza di risorse, la resistenza al cambiamento e la necessità di integrazione curriculare.
- Esplorazione di opportunità, quali alleanze interistituzionali, collaborazione tra educatori e formazione professionale.

Sezione 10: Educazione ambientale per un futuro sostenibile:

- Enfasi sull'importanza dell'educazione ambientale trasformativa che forma le persone a diventare agenti di cambiamento per un futuro sostenibile.
- Presentazione di esempi ispiratori di progetti e iniziative di educazione ambientale che hanno un impatto positivo sulle comunità e sull'ambiente.

In questo capitolo, esploriamo l'importanza dell'educazione ambientale come potente strumento per responsabilizzare gli individui e le comunità a promuovere la sostenibilità. Attraverso l'educazione ambientale, possiamo sviluppare la consapevolezza ambientale, incoraggiare la partecipazione attiva e promuovere azioni pratiche per affrontare le sfide ambientali. Riconosciamo i principi, gli obiettivi, gli approcci e le strategie dell'educazione ambientale, così come le sfide e le opportunità che dobbiamo affrontare. Continuare a investire nell'educazione ambientale è fondamentale per creare una società consapevole, impegnata, capace di costruire un futuro sostenibile per le generazioni presenti e future.

Nei prossimi capitoli, continueremo ad esplorare le questioni relative alla sostenibilità e all'ambiente, presentando strategie e azioni pratiche per promuovere la consapevolezza ambientale, il cambiamento dei comportamenti e la trasformazione verso una società più sostenibile.

CAPITOLO 9: ENERGIE RINNOVABILI: VERSO UN FUTURO SOSTENIBILE

In questo capitolo, esploreremo il ruolo delle energie rinnovabili nel percorso verso un futuro sostenibile. Affronteremo l'importanza di ridurre la nostra dipendenza dai combustibili fossili, i vantaggi delle energie rinnovabili e le principali tecnologie oggi disponibili. Inoltre, discuteremo delle sfide e delle opportunità della transizione verso un sistema energetico più pulito e sostenibile.

Sezione 1: L'impatto dei combustibili fossili:

- Esplorare gli effetti negativi dei combustibili fossili sull'ambiente, come l'inquinamento atmosferico, il cambiamento climatico e il degrado dell'ecosistema.
- Discussione dei problemi socioeconomici e geopolitici associati alla dipendenza dai combustibili fossili.

Sezione 2: Energia rinnovabile e sostenibilità:

- Presentazione dei concetti di energia rinnovabile e sostenibilità energetica.
- Esplorare i vantaggi delle energie rinnovabili, come la riduzione delle emissioni di gas a effetto serra, la sicurezza energetica, la creazione di posti di lavoro e lo sviluppo locale.

Sezione 3: Energia solare:

- Dibattito sull'energia solare come una delle principali fonti di energia rinnovabile.
- Presentazione delle tecnologie solari, come i pannelli fotovoltaici e gli impianti solari a concentrazione, e il loro utilizzo in abitazioni, aziende e centrali elettriche.

Sezione 4: Energia eolica:

- Sfruttamento dell'energia eolica come forma sempre più diffusa di energia rinnovabile.
- Presentazione delle turbine eoliche onshore e offshore, nonché dei parchi eolici e dei loro contributi alla matrice energetica.

Sezione 5: Energia idroelettrica:

- Presentazione dell'energia idroelettrica come una delle principali fonti di energia rinnovabile.
- Discussione sulle diverse tipologie di impianti idroelettrici, sui loro impatti ambientali e sul loro ruolo nella generazione di energia pulita.

Sezione 6: Energia da biomassa:

- Utilizzo dell'energia da biomassa come forma di energia rinnovabile derivata da rifiuti organici.
- Presentazione delle tecnologie di conversione della biomassa, come bioenergia, biogas e biocarburanti, e delle loro applicazioni.

Sezione 7: Energia geotermica:

- Dibattito sull'energia geotermica, che sfrutta il calore all'interno della Terra per generare elettricità o riscaldamento.
- Presentazione delle tecnologie geotermiche, come i sistemi a pompa di calore e gli impianti geotermici, ei loro vantaggi come fonte di energia pulita e costante.

Sezione 8: Sfide della transizione energetica:

- Individuazione delle sfide affrontate dalla transizione verso un sistema energetico basato sulle energie rinnovabili, come il costo iniziale, l'integrazione nella rete elettrica e la resistenza al cambiamento.

Sezione 9: Opportunità e soluzioni:

- Esplorare le opportunità economiche, tecnologiche e sociali offerte dalla transizione verso le energie rinnovabili.
- Presentazione di soluzioni e strategie per superare le sfide

della transizione, quali incentivi statali, investimenti in ricerca e sviluppo, partenariati pubblico-privato.

Sezione 10: Energie rinnovabili e ruolo dell'individuo:

- Enfasi sul ruolo che ogni individuo può svolgere nella promozione delle energie rinnovabili.
- Discussione su azioni concrete, come l'uso dei pannelli solari nelle case, l'opzione per i veicoli elettrici e il sostegno alle politiche favorevoli all'energia pulita.

Sezione 11: Energie rinnovabili sulla scena globale:

- Esplorazione di iniziative e impegni internazionali per aumentare la partecipazione delle energie rinnovabili nella matrice energetica mondiale.
- Discussione sui progressi ed esempi di paesi che hanno avuto successo nell'attuazione di politiche e infrastrutture per promuovere l'energia rinnovabile.

In questo capitolo, esploriamo il ruolo delle energie rinnovabili nel percorso verso un futuro sostenibile. Riconosciamo gli impatti negativi dei combustibili fossili e i vantaggi delle energie rinnovabili, affrontando tecnologie come il solare, l'eolico, l'idroelettrico, la biomassa e il geotermico. Discutiamo le sfide e le opportunità della transizione verso un sistema energetico più pulito, nonché il ruolo fondamentale dell'individuo nella promozione delle energie rinnovabili. L'adozione su larga scala di energia rinnovabile è fondamentale per ridurre le emissioni di gas serra, combattere il cambiamento climatico e raggiungere la sostenibilità energetica.

Nei prossimi capitoli, continueremo ad esplorare le questioni relative alla sostenibilità e all'ambiente, presentando strategie e azioni pratiche per promuovere l'uso di energie rinnovabili, l'efficienza energetica e la transizione verso un sistema energetico più sostenibile.

CAPITOLO 10: AGRICOLTURA SOSTENIBILE: COLTIVARE UN FUTURO RESILIENTE

In questo capitolo, esploreremo il concetto di agricoltura sostenibile e come svolga un ruolo chiave nella costruzione di un futuro resiliente. Affronteremo le sfide dell'agricoltura convenzionale, i principi dell'agricoltura sostenibile e le pratiche agricole che promuovono la salute del suolo, la conservazione delle risorse naturali e la sicurezza alimentare. Capiremo come l'agricoltura sostenibile può contribuire alla protezione dell'ambiente e al benessere delle comunità rurali.

Sezione 1: Le sfide dell'agricoltura convenzionale:

L'agricoltura convenzionale, come la maggior parte delle persone la sa, deve affrontare serie sfide. L'uso eccessivo di sostanze chimiche come pesticidi e fertilizzanti può contaminare il suolo e l'acqua, danneggiando la salute umana e la biodiversità. Inoltre, il degrado del suolo e la perdita di biodiversità sono le principali preoccupazioni. L'agricoltura convenzionale dipende anche da risorse limitate come i combustibili fossili e l'acqua, che si stanno esaurendo. Queste sfide ci portano a cercare alternative più sostenibili.

Sezione 2: Principi dell'agricoltura sostenibile:
L'agricoltura sostenibile si basa su principi che mirano a preservare la salute del suolo, promuovere la biodiversità e garantire la sicurezza alimentare. Questi principi includono la riduzione dell'uso di sostanze chimiche, la diversificazione delle colture, una gestione efficiente delle risorse idriche e la protezione della fauna selvatica. È inoltre importante rispettare i cicli naturali e promuovere la cooperazione tra agricoltori e comunità locali. Abbracciando questi principi, possiamo coltivare cibo sano e allo stesso tempo proteggere l'ambiente.

Sezione 3: Pratiche agricole sostenibili:

Esistono molte pratiche agricole sostenibili che possiamo adottare per promuovere la salute del suolo e conservare le risorse naturali. L'agroecologia è un approccio che considera gli ecosistemi agricoli come sistemi complessi in cui piante, animali e esseri umani interagiscono armoniosamente. La permacultura è un'altra pratica che si basa sull'osservazione della natura per progettare sistemi agricoli sostenibili. Inoltre, la rotazione delle colture, la gestione integrata dei parassiti e il compostaggio sono tecniche preziose per ridurre la dipendenza dalle sostanze chimiche e migliorare la fertilità del suolo.

Sezione 4: Agricoltura biologica:

L'agricoltura biologica è una forma popolare di agricoltura sostenibile. Si basa sull'uso di pratiche naturali per coltivare cibo sano e proteggere l'ambiente. Nell'agricoltura biologica non vengono utilizzati prodotti chimici di sintesi come pesticidi e fertilizzanti e vengono promosse pratiche come la rotazione delle colture, l'uso di fertilizzanti organici e il controllo biologico dei parassiti. Gli alimenti biologici sono certificati per garantire che siano stati prodotti in conformità con gli standard stabiliti per l'agricoltura biologica.

Sezione 5: Agricoltura Conservativa:

L'agricoltura conservativa è un approccio che cerca di preservare la salute del suolo e minimizzare l'impatto ambientale. Si basa su tre principi fondamentali: zero tillage, copertura vegetale e rotazione delle colture. La semina diretta consiste nel seminare i semi direttamente nel terreno, senza necessità di aratura, il che aiuta a ridurre l'erosione ea preservare la struttura del suolo. La vegetazione comporta la coltivazione di colture di copertura, come il trifoglio o l'avena, tra i principali cicli colturali, che aiutano a proteggere il suolo e migliorare la fertilità. La rotazione delle colture consiste nell'alternare nel tempo diverse colture nella stessa area, il che aiuta a controllare parassiti e malattie, oltre a migliorare la salute del suolo.

Sezione 6: Agricoltura urbana e periurbana:

L'agricoltura non si limita solo alle zone rurali. L'agricoltura urbana e periurbana svolge un ruolo importante nella produzione alimentare locale, riducendo le emissioni di carbonio e rafforzando le comunità. L'agricoltura urbana comporta la coltivazione di cibo nelle aree urbane, come orti comunitari, giardini pensili e sistemi di agricoltura verticale. L'agricoltura periurbana si riferisce alla produzione agricola nelle aree adiacenti alle città. Queste pratiche promuovono la sicurezza alimentare, collegano le persone alla produzione alimentare e riducono l'impronta ecologica riducendo la distanza percorsa dal cibo.

Sezione 7: Sfide e opportunità dell'agricoltura sostenibile:

L'adozione diffusa dell'agricoltura sostenibile deve affrontare sfide come la resistenza al cambiamento, la mancanza di conoscenza e costi iniziali più elevati. Tuttavia, presenta anche grandi opportunità. L'agricoltura sostenibile può ridurre la dipendenza da input esterni come fertilizzanti e pesticidi, a tutto vantaggio delle economie degli agricoltori. Inoltre, promuove la resilienza dei sistemi agricoli a sfide come il cambiamento climatico e può garantire la sicurezza alimentare per le generazioni future. La consapevolezza e l'educazione sono fondamentali per superare le sfide e sfruttare le opportunità dell'agricoltura sostenibile.

L'agricoltura sostenibile svolge un ruolo cruciale nella costruzione di un futuro resiliente, bilanciando la produzione alimentare con la tutela dell'ambiente. Attraverso pratiche agricole sostenibili come l'agroecologia, l'agricoltura biologica e l'agricoltura conservativa, possiamo preservare la salute del suolo, promuovere la biodiversità e garantire la sicurezza alimentare. Anche l'agricoltura urbana e periurbana svolge un ruolo importante nell'avvicinare le persone alla produzione alimentare e colmare il divario tra produzione e consumo. Superando le sfide e sfruttando le opportunità dell'agricoltura sostenibile, possiamo costruire un futuro in cui l'agricoltura sia in grado di nutrire la popolazione in modo sano, rispettando i limiti del pianeta.

È importante che ognuno di noi svolga un ruolo attivo nella promozione di un'agricoltura sostenibile. Come consumatori, possiamo scegliere alimenti biologici, sostenere gli agricoltori locali e ridurre gli sprechi alimentari. Come agricoltori, possiamo implementare pratiche sostenibili come la rotazione delle colture, l'uso di fertilizzanti naturali e la conservazione dell'acqua. Inoltre, i governi e le istituzioni hanno un ruolo cruciale nella promozione di politiche agricole sostenibili, fornendo incentivi e sostegno agli agricoltori che adottano pratiche sostenibili.

L'agricoltura sostenibile non riguarda solo la produzione di cibo, ma anche la cura del nostro pianeta e delle generazioni future. Adottando pratiche agricole che rispettano la natura e promuovono la salute del suolo e la conservazione delle risorse, possiamo contribuire a costruire un mondo più sostenibile ed equilibrato.

Concludendo questo capitolo, spero di aver fornito una comprensione più chiara dell'importanza dell'agricoltura sostenibile e di come può contribuire a costruire un futuro resiliente. Implementando pratiche sostenibili e sostenendo gli agricoltori coinvolti in questo processo, possiamo creare un sistema agricolo più sano, più equo e più resiliente. Insieme possiamo coltivare un futuro migliore per noi stessi e per le generazioni a venire, dove l'agricoltura e l'ambiente convivono in armonia.

CAPITOLO 11: GESTIONE DEI RIFIUTI: RIDURRE, RIUTILIZZARE E RICICLARE PER UN FUTURO SOSTENIBILE

In questo capitolo, esploreremo l'importanza di una corretta gestione dei rifiuti e come essa svolga un ruolo chiave nella costruzione di un futuro sostenibile. Affronteremo le sfide legate ai rifiuti, le tre R (Riduci, Riusa e Ricicla) come principi e pratiche fondamentali che possono essere adottate per minimizzare l'impatto ambientale dei rifiuti che produciamo. Capiremo come ognuno di noi può contribuire a un sistema di gestione dei rifiuti efficiente e sostenibile.

Sezione 1: Le sfide dei rifiuti:

L'aumento della popolazione e dei consumi ha causato una crescente produzione di rifiuti. I rifiuti possono includere materiali come plastica, carta, vetro, metalli, rifiuti organici ed elettronica che, se non gestiti correttamente, possono causare danni all'ambiente e alla salute umana. Inoltre, uno smaltimento improprio dei rifiuti può portare alla contaminazione del suolo, dell'acqua e dell'aria, contribuendo all'inquinamento e al cambiamento climatico. Affrontare queste sfide e adottare pratiche sostenibili di gestione dei rifiuti è fondamentale.

Sezione 2: Le tre R: Ridurre, Riutilizzare e Riciclare:

Ridurre, riutilizzare e riciclare: questi sono principi fondamentali nella gestione dei rifiuti e nella promozione di un'economia circolare. La prima R, Ridurre, implica ridurre la quantità di rifiuti generati, evitare gli sprechi e fare scelte di consumo consapevoli. La seconda R, Riuso, consiste nel dare una seconda vita ai prodotti, prolungandone l'utilità attraverso riparazioni, donazioni, scambi o trasformazioni creative. La terza R, Riciclo, è il processo di trasformazione dei rifiuti in nuovi materiali o prodotti, riducendo la necessità di estrarre risorse naturali e risparmiando energia.

Sezione 3: Pratiche sostenibili di gestione dei rifiuti:

Esistono diverse pratiche che possono essere adottate per una gestione più sostenibile dei rifiuti. La corretta separazione dei rifiuti in diverse categorie, come plastica, carta, vetro e metallo, facilita il processo di riciclaggio. Il compostaggio dei rifiuti organici, come gli scarti alimentari e le foglie, è una pratica efficace per ridurre la quantità di rifiuti inviati in discarica e per produrre fertilizzante naturale per l'agricoltura. Abbracciare imballaggi riutilizzabili, utilizzare sacchetti riutilizzabili e scegliere prodotti con imballaggi sostenibili sono modi per ridurre l'uso eccessivo di materiali usa e getta.

Sezione 4: Responsabilità individuale e partecipazione della comunità:

Ognuno di noi ha un ruolo chiave nella gestione dei rifiuti e possiamo fare la differenza attraverso le nostre azioni individuali e l'impegno della comunità. Ecco alcuni modi in cui possiamo contribuire:

1. Riduci i consumi: scegli prodotti durevoli e di qualità, evita gli acquisti d'impulso e pianifica le tue esigenze. Acquistare meno significa generare meno rifiuti.

2. Riutilizza: dai agli oggetti una seconda vita prima di buttarli via. Pensa a riparare vestiti ed elettrodomestici rotti, donare o vendere oggetti che non usi più ed esplorare il mercato del rovistare.

3. Riciclare correttamente: familiarizzare con il sistema di riciclaggio locale e seguire eventuali linee guida specifiche. Separare correttamente i materiali riciclabili e assicurarsi che siano puliti e asciutti prima di gettarli nel cestino.

4. Compostaggio – Se hai un giardino o uno spazio all'aperto, prendi in considerazione il compostaggio dei tuoi rifiuti organici. Questo non solo ridurrà la quantità di rifiuti che vanno in discarica, ma creerà anche un ottimo compost per le tue piante.

5. Evita i prodotti usa e getta: scegli alternative riutilizzabili come bottiglie d'acqua, posate e cannucce di metallo o vetro. Inoltre, porta la tua borsa della spesa per evitare l'uso di sacchetti di plastica.

6. Educazione e consapevolezza: condividi la tua conoscenza delle pratiche di gestione sostenibile dei rifiuti con amici, familiari e la comunità. Organizza workshop o conferenze locali per aumentare la consapevolezza e fornire indicazioni pratiche su come ridurre, riutilizzare e riciclare.

7. Coinvolgimento della comunità: partecipa alle iniziative locali di gestione dei rifiuti, come gruppi di raccolta differenziata, campagne di pulizia o campagne di sensibilizzazione. Unisciti a organizzazioni o comitati ambientalisti nella tua comunità e contribuisci all'implementazione di pratiche sostenibili.

Ognuno di noi ha un ruolo chiave da svolgere, sia come consumatore consapevole, riciclatore responsabile o sostenitore di pratiche sostenibili nella nostra comunità. Insieme possiamo creare un ambiente più pulito, preservare le risorse naturali e costruire un futuro migliore per le generazioni a venire.

CAPITOLO 12: TRASPORTI SOSTENIBILI: PROMOZIONE DI UNA MOBILITÀ PULITA ED EFFICIENTE

In questo capitolo, esploreremo il tema del trasporto sostenibile e la sua importanza nella costruzione di un futuro più pulito ed efficiente. Affronteremo le sfide del trasporto convenzionale, i vantaggi del trasporto sostenibile e le molteplici opzioni disponibili per promuovere la mobilità sostenibile nella nostra vita quotidiana. Capiremo come ognuno di noi può prendere decisioni consapevoli e contribuire alla riduzione delle emissioni di gas serra e al miglioramento della qualità dell'aria attraverso il trasporto sostenibile.

Sezione 1: Sfide del trasporto convenzionale:

Il trasporto convenzionale, basato principalmente sui combustibili fossili, presenta una serie di sfide ambientali e sociali. I veicoli alimentati a benzina o diesel sono responsabili di una parte significativa delle emissioni di gas serra, contribuendo al cambiamento climatico. Inoltre, la congestione nelle città, l'inquinamento atmosferico e la dipendenza da risorse non rinnovabili sono problemi urgenti che devono essere affrontati.

Sezione 2: Vantaggi del trasporto sostenibile:

Il trasporto sostenibile offre una serie di vantaggi per l'ambiente, la salute umana e l'economia. Optando per modalità di trasporto più sostenibili, come camminare, andare in bicicletta, con i mezzi pubblici o veicoli elettrici, possiamo ridurre significativamente le emissioni di gas serra, migliorare la qualità dell'aria nelle città e diminuire la dipendenza dai combustibili fossili. Inoltre, la promozione del trasporto sostenibile stimola lo sviluppo economico, genera posti di lavoro e offre una migliore qualità della vita alle comunità.

Sezione 3: Opzioni di trasporto sostenibili:

Esistono diverse opzioni di trasporto sostenibile che possono essere adottate nella nostra vita quotidiana. Vediamone alcuni:

1. A piedi e in bicicletta: per brevi distanze, scegli di camminare o andare in bicicletta. Oltre ad essere mezzi di trasporto a emissioni zero, sono ottimi modi per rimanere attivi e in salute.

2. Trasporti pubblici: utilizzare i mezzi pubblici quando possibile. Autobus, metropolitane e treni hanno una maggiore capacità di trasporto ed emettono meno gas inquinanti per passeggero, oltre a ridurre la congestione stradale.

3. Carpooling: prendi in considerazione il carpooling con colleghi, vicini o amici che hanno viaggi simili. Oltre a ridurre il numero di veicoli in circolazione, risparmi su benzina e parcheggio.

4. Veicoli elettrici: se possiedi un veicolo privato, considera l'opzione dei veicoli elettrici (EV). I veicoli elettrici hanno zero emissioni allo scarico e stanno diventando più convenienti e disponibili. Inoltre, l'uso di infrastrutture di ricarica per energia rinnovabile aumenta ulteriormente la sostenibilità del trasporto elettrico.

Sezione 4: Incentivi e politiche per il trasporto sostenibile
Per promuovere il trasporto sostenibile è fondamentale disporre di incentivi e politiche che incoraggino scelte sostenibili. Queste sono alcune iniziative che si possono intraprendere:

1. Infrastrutture adeguate: è fondamentale investire nella creazione di piste ciclabili sicure e ben progettate, marciapiedi accessibili e sistemi di trasporto pubblico efficienti. Questa infrastruttura incoraggia le persone a optare per modalità di trasporto sostenibili.

2. Incentivi finanziari: i governi possono offrire incentivi finanziari, come sussidi o agevolazioni fiscali, per l'acquisto di veicoli elettrici, biciclette e altri modi di trasporto sostenibile. Ciò

rende queste opzioni più accessibili e attraenti per i consumatori.

3. Restrizioni all'uso di veicoli inquinanti: l'attuazione di politiche che limitano o penalizzano l'uso di veicoli altamente inquinanti, come i pedaggi urbani o le zone a basse emissioni, favorisce la transizione verso opzioni di trasporto più pulite.

4. Integrazione della pianificazione urbana: pianificare le città in modo più integrato, con un mix di residenze vicine, commercio e servizi, riduce la necessità di lunghi viaggi e favorisce l'uso di mezzi di trasporto sostenibili.

5. Sensibilizzazione ed educazione: promuovere campagne di sensibilizzazione sui vantaggi del trasporto sostenibile e sugli impatti negativi del trasporto convenzionale è essenziale per coinvolgere la popolazione. Informare sulle alternative di trasporto sostenibili e sui loro benefici può incoraggiare più persone ad adottare queste pratiche.

6. Partenariati pubblico-privato: i governi possono stabilire partenariati con aziende private per promuovere l'uso di trasporti sostenibili. Ad esempio, le aziende possono offrire sconti o vantaggi ai dipendenti che utilizzano mezzi di trasporto pubblici o non motorizzati.

Il trasporto sostenibile svolge un ruolo cruciale nella costruzione di un futuro più pulito ed efficiente. Scegliendo forme di trasporto più sostenibili, come camminare, andare in bicicletta, con i mezzi pubblici o veicoli elettrici, possiamo ridurre le emissioni di gas serra, migliorare la qualità dell'aria e creare comunità più sane e vivaci.

Con i giusti incentivi, politiche efficaci e consapevolezza, possiamo promuovere l'adozione diffusa di trasporti sostenibili e lavorare insieme per creare un sistema di mobilità più sostenibile per tutti.

CAPITOLO 13: IMPEGNO PER LA SOCIETÀ: INSIEME PER LA SOSTENIBILITÀ

In questo capitolo esploreremo l'importanza di coinvolgere la società nella ricerca di un futuro sostenibile. Tratteremo come ogni individuo può fare la differenza attraverso un'azione consapevole e come il coinvolgimento della comunità può guidare un cambiamento significativo. Esploreremo modi per promuovere l'impegno sociale e incoraggiare pratiche sostenibili nella nostra vita quotidiana.

Sezione 1: La forza dell'individuo:

Ogni individuo ha il potere di fare la differenza verso la sostenibilità. Le piccole azioni quotidiane, se moltiplicate per milioni di persone, hanno un impatto significativo. Ecco alcuni modi in cui possiamo contribuire:

1. Educazione e consapevolezza: cerca di conoscere le questioni ambientali e condividi le informazioni con amici, familiari e colleghi. Possiamo partecipare a corsi, workshop ed eventi legati alla sostenibilità per migliorare la nostra comprensione.

2. Cambiare le abitudini: identificare abitudini e comportamenti che possono essere adattati per diventare più sostenibili. Ciò può includere la riduzione dei consumi eccessivi, la scelta di prodotti ecologici, il risparmio di energia e acqua, tra le altre pratiche.

3. Opzioni di consumo responsabile: considerare l'impatto ambientale dei prodotti che acquistiamo. Dai la priorità ai prodotti locali, biologici e del commercio equo e solidale. Valutazione delle aziende che adottano pratiche sostenibili nelle proprie filiere.

4. Partecipazione politica: fatti coinvolgere nella politica locale e nazionale, sostenendo candidati e partiti impegnati per la

sostenibilità. Possiamo partecipare a manifestazioni, petizioni e campagne a favore di politiche ambientali più solide.

Sezione 2: Il coinvolgimento della comunità:

Oltre alle azioni individuali, la partecipazione della comunità è essenziale per guidare un cambiamento sostenibile su larga scala. Ecco alcuni modi per coinvolgere la comunità:

1. Organizzazione di eventi locali: organizza fiere, workshop e dibattiti sulla sostenibilità nella tua comunità. Ciò rende possibile condividere conoscenze, scambiare idee e creare un senso di unità attorno alle questioni ambientali.

2. Creazione di gruppi di azione locale: formare gruppi o associazioni locali focalizzati su progetti sostenibili. Questi gruppi possono affrontare argomenti specifici come l'energia rinnovabile, la conservazione delle risorse, il giardinaggio comunitario e altro ancora.

3. Alleanze con le istituzioni locali: stabilire alleanze con scuole, aziende, organizzazioni religiose e istituzioni governative per promuovere iniziative sostenibili. Ciò può comportare l'attuazione di programmi di riciclaggio, progetti di efficienza energetica, orti comunitari, tra gli altri.

4. Volontariato in progetti ambientali: Partecipare a iniziative per ripulire spiagge, fiumi e parchi locali. Contribuire alla conservazione e al ripristino delle aree naturali, piantando alberi e proteggendo la fauna selvatica.

Sezione 3: Rafforzare la voce collettiva:

Per rafforzare l'impegno della società, è essenziale lavorare insieme e rafforzare la voce collettiva a favore della sostenibilità. Ecco alcune strategie per raggiungere questo obiettivo:

1. Social network e movimenti: connettersi con social network e movimenti che condividono obiettivi simili è un modo efficace per amplificare il proprio impatto. La partecipazione a organizzazioni

locali o globali che lottano per la sostenibilità ci consente di unire gli sforzi e generare cambiamenti significativi.

2. Comunicazione efficace: utilizzare canali di comunicazione efficaci, come social network, blog, podcast ed eventi pubblici, per diffondere informazioni sulla sostenibilità e incoraggiare la partecipazione attiva della società. È importante condividere storie stimolanti, esempi pratici e dati che aumentino la coscienza collettiva.

3. Coinvolgimento online: sfruttare le piattaforme digitali per mobilitare e coinvolgere le persone su questioni sostenibili. Campagne online, petizioni, condivisione di informazioni pertinenti e incoraggiamento alla partecipazione a eventi possono amplificare il messaggio e raggiungere un pubblico più ampio.

4. Alleanze strategiche: stabilire alleanze con aziende, istituzioni accademiche, ONG e governi può rafforzare la capacità di generare un cambiamento sostenibile. Lavorare insieme per sviluppare progetti, condividere risorse e allineare obiettivi può sfruttare gli sforzi e massimizzare l'impatto.

5. Advocacy e influenza politica: oltre a partecipare alla politica, è importante spingere per politiche ambientali più forti. Ciò può essere fatto attraverso campagne di sensibilizzazione, lobbying, lettere scritte a funzionari eletti e partecipazione a consultazioni pubbliche.

L'impegno della società è essenziale per guidare la transizione verso un futuro sostenibile. Agendo come individui premurosi e partecipando alle iniziative della comunità, possiamo fare la differenza nella nostra vita e ispirare coloro che ci circondano a seguirne l'esempio. Rafforzando la nostra voce collettiva e lavorando in collaborazione, possiamo creare un potente movimento in grado di guidare un cambiamento positivo a livello locale, nazionale e globale. Insieme possiamo costruire un mondo più sostenibile per le generazioni presenti e future.

CAPITOLO 14: POLITICHE PUBBLICHE E LEGISLAZIONE AMBIENTALE: PERCORSI VERSO LA SOSTENIBILITÀ

In questo capitolo esploreremo l'importanza delle politiche pubbliche e della legislazione ambientale nella ricerca di un futuro sostenibile. Discuteremo di come queste misure possono modellare il comportamento individuale e aziendale, promuovendo pratiche più responsabili dal punto di vista ambientale. Affronteremo esempi di politiche pubbliche e leggi che mirano a proteggere l'ambiente e incoraggiare l'adozione di pratiche sostenibili.

Sezione 1: Il ruolo delle politiche pubbliche:

Le politiche pubbliche svolgono un ruolo chiave nella promozione della sostenibilità. Ecco alcune aree in cui le politiche possono avere un impatto significativo:

1. Energia rinnovabile: implementare politiche che incoraggino l'uso di fonti di energia rinnovabile, come l'energia solare, eolica e idroelettrica. Ciò può includere sussidi per l'installazione di pannelli solari, programmi di incentivi per l'energia eolica e obiettivi di energia rinnovabile per il settore elettrico.

2. Efficienza energetica: sviluppare politiche che promuovano l'efficienza energetica nelle abitazioni, negli edifici commerciali e industriali. Ciò può comportare programmi di certificazione energetica, incentivi per l'adozione di tecnologie efficienti e normative che richiedono standard di efficienza più elevati.

3. Conservazione delle risorse naturali: attuare politiche che promuovano la conservazione e l'uso sostenibile delle risorse naturali, come foreste, acqua e biodiversità. Ciò può includere la creazione di aree protette, regolamenti per l'estrazione responsabile delle risorse naturali e incentivi per l'adozione di

pratiche agricole sostenibili.

4. Trasporto sostenibile: sviluppare politiche che promuovano il trasporto sostenibile, come l'espansione delle reti di trasporto pubblico, la costruzione di piste ciclabili e la promozione dell'uso di veicoli elettrici. Può anche comportare l'attuazione di pedaggi di congestione e politiche di zonizzazione che incoraggino la creazione di comunità accessibili con infrastrutture adeguate.

Sezione 2: L'importanza della legislazione ambientale:

La legislazione ambientale svolge un ruolo chiave nella protezione dell'ambiente e nella definizione di linee guida per pratiche sostenibili. Ecco alcune aree in cui il diritto ambientale può svolgere un ruolo:

1. Protezione della biodiversità: stabilire leggi che proteggano gli habitat naturali, le specie in via di estinzione e gli ecosistemi fragili. Ciò potrebbe includere la creazione di aree protette, il divieto di bracconaggio e la regolamentazione del commercio di specie in via di estinzione.

2. Gestione dei rifiuti: stabilire leggi che promuovano una corretta gestione dei rifiuti, come l'attuazione di programmi di raccolta differenziata, la regolamentazione dello smaltimento dei rifiuti pericolosi e la promozione del riciclaggio.

3. Controllo dell'inquinamento: attuare leggi che limitino l'emissione di sostanze inquinanti nell'aria, nell'acqua e nel suolo

4. Responsabilità aziendale: stabilire leggi che responsabilizzino le aziende per le loro pratiche ambientali, promuovendo l'adozione di tecnologie pulite, la riduzione delle emissioni di gas serra e l'attuazione di programmi di responsabilità sociale aziendale.

5. Educazione ambientale: sviluppare leggi che promuovano l'educazione ambientale a tutti i livelli educativi, assicurando che i cittadini siano consapevoli e consapevoli delle questioni ambientali. Ciò può includere l'inclusione di programmi di

studio ambientali, formazione degli insegnanti e promozione di programmi di sensibilizzazione della comunità.

Sezione 3: Promozione della pratica e della partecipazione:

Oltre a stabilire politiche pubbliche e legislazione ambientale, è essenziale promuovere la pratica e la partecipazione attiva della società. Ecco alcuni modi per promuovere il coinvolgimento:

1. Sensibilizzazione ed educazione: Promuovere campagne di sensibilizzazione sull'importanza della sostenibilità e sui benefici delle politiche pubbliche e della legislazione ambientale. È essenziale fornire informazioni chiare e accessibili in modo che le persone comprendano la rilevanza di queste misure.

2. Partecipazione della comunità: promuovere la partecipazione della comunità al processo decisionale relativo alle politiche pubbliche e alla legislazione ambientale. Ciò può includere lo svolgimento di consultazioni pubbliche, forum di discussione e partnership con organizzazioni locali.

3. Monitoraggio e responsabilità: istituire meccanismi di monitoraggio e responsabilità per garantire il rispetto delle politiche pubbliche e della legislazione ambientale. Ciò può comportare audit ambientali, applicazione rigorosa e sanzioni adeguate per coloro che violano la legge.

4. Incentivi economici: creare incentivi economici affinché le aziende e gli individui adottino pratiche sostenibili. Ciò può includere sussidi per implementare tecnologie pulite, agevolazioni fiscali per le aziende che adottano pratiche ecologicamente responsabili e programmi di finanziamento per progetti sostenibili.

5. Formazione e supporto: fornire risorse e supporto tecnico per aiutare le aziende e gli individui ad adattarsi alle politiche pubbliche e alla legislazione ambientale. Ciò può includere programmi di formazione, accesso a finanziamenti e partnership con esperti in materia.

Le politiche pubbliche e la legislazione ambientale svolgono un ruolo cruciale nella promozione della sostenibilità. Stabilendo linee guida e incentivi appropriati, possiamo modellare il comportamento individuale e aziendale verso pratiche più responsabili dal punto di vista ambientale. Tuttavia, è essenziale incoraggiare la pratica e la partecipazione attiva della società affinché queste misure siano efficaci. Insieme, possiamo creare un ambiente più sostenibile, preservando le risorse naturali e garantendo un futuro sano per le generazioni presenti e future.

CAPITOLO 15: SFIDE E OPPORTUNITÀ FUTURE: COSTRUIRE UN FUTURO SOSTENIBILE

In questo capitolo esploreremo le sfide e le opportunità che dobbiamo affrontare nella ricerca di un futuro sostenibile. Nonostante i progressi, resta ancora molto da fare per proteggere l'ambiente e creare una società più equilibrata. Discuteremo delle principali sfide che dobbiamo affrontare, nonché delle opportunità che abbiamo per fare la differenza. Esploriamo come ogni individuo può contribuire a superare queste sfide e sfruttare le opportunità per costruire un futuro sostenibile.

Sezione 1: Sfide ambientali:

1. Cambiamenti climatici: il riscaldamento globale è una delle maggiori sfide ambientali che dobbiamo affrontare oggi. Le emissioni di gas serra derivanti dalla combustione di combustibili fossili stanno causando un aumento delle temperature globali, portando a eventi meteorologici estremi e cambiamenti nei modelli meteorologici.

2. Perdita di biodiversità: la perdita di biodiversità dovuta alla distruzione degli habitat naturali, all'inquinamento e all'introduzione di specie invasive rappresenta una sfida importante. Il declino della diversità biologica influisce sull'equilibrio degli ecosistemi, compromettendo l'approvvigionamento di cibo, acqua pulita e altri servizi ecosistemici essenziali.

3. Scarsità di risorse naturali: la crescita della popolazione e il consumo eccessivo stanno causando la scarsità di risorse naturali come acqua, minerali ed energia. Lo sfruttamento insostenibile di queste risorse compromette la capacità di soddisfare i futuri bisogni delle generazioni.

Sezione 2: Opportunità per la sostenibilità:

1. Transizione verso le energie rinnovabili: l'adozione su larga scala di energie rinnovabili, come quella solare, eolica e idroelettrica, rappresenta una grande opportunità per ridurre le emissioni di gas serra e diminuire la nostra dipendenza dai combustibili fossili.

2. Economia circolare: la transizione verso un'economia circolare, in cui i rifiuti sono ridotti al minimo, i materiali sono riutilizzati e riciclati e il consumo è basato sull'uso sostenibile delle risorse, offre opportunità per ridurre gli sprechi e creare un sistema più efficiente e sostenibile.

3. Tecnologia e innovazione: il progresso tecnologico e l'innovazione possono guidare soluzioni sostenibili in molti settori, dai trasporti e l'edilizia all'agricoltura e alla gestione dei rifiuti. Lo sviluppo di tecnologie pulite e l'applicazione di pratiche innovative sono opportunità promettenti per affrontare le sfide ambientali.

4. Sensibilizzazione ed educazione: la sensibilizzazione e l'educazione svolgono un ruolo chiave nel cambiare i comportamenti e stabilire una cultura della sostenibilità. L'opportunità di educare e responsabilizzare le persone, dall'infanzia all'età adulta, è fondamentale per creare una società più consapevole e impegnata.

Sezione 3: Azione individuale e collettiva:

1. Consumo consapevole: ogni individuo ha il potere di prendere decisioni consapevoli in merito al consumo. Scommettere su prodotti sostenibili, con un minore impatto ambientale, come alimenti biologici, prodotti riciclabili e aziende socialmente responsabili, aiuta a ridurre la pressione sulle risorse naturali e ridurre l'inquinamento.

2. Riduzione dei rifiuti: un'azione semplice ma di grande impatto

è ridurre i rifiuti. Questo può essere fatto praticando le 3 R: Ridurre, Riutilizzare e Riciclare. Evitare l'uso di articoli usa e getta, riutilizzare contenitori e oggetti quando possibile e separare correttamente i materiali da riciclare sono atteggiamenti che fanno la differenza.

3. Mobilitazione della comunità: la partecipazione della comunità è una preziosa opportunità per promuovere la sostenibilità. La partecipazione a gruppi locali, ONG o movimenti sociali focalizzati sulla causa ambientale può aumentare l'impatto delle nostre azioni individuali e rafforzare la voce collettiva nella ricerca del cambiamento.

4. Promuovere politiche sostenibili: l'esercizio del nostro potere cittadino è essenziale per promuovere l'attuazione di politiche pubbliche orientate alla sostenibilità. Partecipare a dibattiti, manifestazioni pacifiche, inviare lettere a rappresentanti politici e votare candidati impegnati per la causa ambientale sono modi per influenzare positivamente le decisioni del governo.

5. Educazione e sensibilizzazione continua: la ricerca della conoscenza sui temi ambientali e la sensibilizzazione continua sono fondamentali per agire in modo informato e impegnato. Partecipare a corsi, convegni, seminari e leggere libri e articoli relativi all'argomento ci permette di approfondire la nostra comprensione e diffondere informazioni corrette agli altri.

Affrontiamo importanti sfide di sostenibilità, ma abbiamo anche molte opportunità per creare un futuro migliore. L'azione individuale e collettiva gioca un ruolo chiave in questo processo. Adottando pratiche sostenibili nella nostra vita quotidiana, partecipando alle iniziative comunitarie, sollecitando politiche adeguate e cercando costantemente di educare e sensibilizzare, contribuiremo a costruire un mondo più equilibrato e sano. Insieme, possiamo trasformare le sfide in opportunità e lasciare un'eredità positiva per le generazioni future.

CONCLUSIONE:

In questo libro, esploriamo il tema dell'ambiente e come possiamo contribuire a un pianeta sostenibile. In tutti i capitoli, trattiamo un'ampia gamma di argomenti relativi alla sostenibilità, fornendo informazioni, approfondimenti e suggerimenti pratici in modo che ognuno di noi possa fare la differenza.

Iniziamo con un'introduzione all'ambiente e alla sua importanza per la nostra sopravvivenza e la qualità della vita. Discutiamo quindi della crisi ambientale e delle principali sfide che dobbiamo affrontare, come il cambiamento climatico, la perdita di biodiversità, la scarsità di risorse naturali e l'inquinamento.

Esploriamo anche le opportunità per la sostenibilità, evidenziando la transizione verso le energie rinnovabili, l'economia circolare, il ruolo della tecnologia e dell'innovazione, l'importanza della consapevolezza e dell'educazione e la necessità di un coinvolgimento della comunità.

Affrontiamo questioni specifiche come l'importanza della conservazione dell'ecosistema, la conservazione delle foreste, la gestione dei rifiuti, l'agricoltura sostenibile, il trasporto sostenibile, la partecipazione della società, le politiche pubbliche e la legislazione ambientale, le sfide e le opportunità future.

In ogni capitolo si evidenzia l'importanza dell'azione individuale e collettiva. Ognuno di noi ha il potere di compiere scelte consapevoli in materia di consumo, ridurre gli sprechi, partecipare a mobilitazioni comunitarie, spingere per politiche sostenibili, ricercare educazione e consapevolezza continue.

Adottando queste pratiche e agendo responsabilmente nei confronti dell'ambiente, contribuiremo a costruire un mondo più equilibrato e sano. Il cambiamento parte da ognuno di noi, ma richiede anche la collaborazione di governi, imprese e comunità per ottenere risultati significativi.

La mia speranza è che questo libro ti abbia fornito informazioni preziose e ti abbia ispirato a intraprendere azioni concrete a favore dell'ambiente. Ogni piccola azione conta e insieme possiamo creare un futuro sostenibile per le generazioni presenti e future. Ricordiamoci che siamo tutti parte integrante di questo pianeta ed è nostro dovere proteggerlo e preservarlo per il bene di tutti.

Il viaggio verso la sostenibilità è continuo e impegnativo, ma con impegno, consapevolezza e azione possiamo fare la differenza. Lascia che questo eBook sia un punto di partenza per un viaggio personale e collettivo verso un futuro più verde, più sano e più prospero. Il potere è nelle nostre mani. Agiamo ora!

INFORMAZIONI SULL'AUTORE

José Ruiz Watzeck

Giornalista, scrittore, autore, geografo, matematico, professore, neuropsicopedagogista, specialista nell'insegnamento superiore, laureato in Auditing, Management e Licenze ambientali, laureato in Geoprocessing e Georeferenziazione, pedagogista.